太空教师天文课

太阳

"学习强国"学习平台 组编

科学普及出版社

·北 京·

编　委　会

支持单位

国家航天局

南京大学

中国科学院国家天文台

中国科学院紫金山天文台

序

•———————•

习近平总书记高度重视航天事业发展，指出"航天梦是强国梦的重要组成部分"。在以习近平同志为核心的党中央坚强领导下，广大航天领域工作者勇攀科技高峰，一批批重大工程成就举世瞩目，我国航天科技实现跨越式发展，航天强国建设迈出坚实步伐，航天人才队伍不断壮大。

欣闻"学习强国"学习平台携手科学普及出版社，联合打造了航天强国主题下兼具科普性、趣味性的青少年读物《学习强国太空教师天文课》，以此套书展现我国航天强国建设历程及人类太空探索历程，用绘本的形式全景呈现我国在太空探索中取得的历史性成就，普及航天知识，不仅能让青少年认识了解我国丰硕的航天科技成果、重大科学发现及重大基础理论突破，还能激发他们的兴趣，点燃他们心中科学的火种，助力青少年的科学启蒙。

　　这套书在立足权威科普信息的基础上，充分考虑到青少年的阅读习惯，用贴近青少年认知水平的方式普及知识，内容涉及天文、历史、物理、地理等多领域学科，融思想性、科学性、知识性、趣味性为一体，是一套普及科学技术知识、弘扬科学精神、传播科学思想、倡导科学方法的青少年科普佳作。

　　我衷心期盼这套书能引领青少年走近航天领域，从小树立远大志向，勇担航天强国使命，将中国航天精神代代相传。

中国探月工程总设计师
中国工程院院士
2024 年 3 月

在空间站，航天员王亚平每天能看到 16 次日出日落。

　　她每一次看日出日落，都像看一部 3D 大片一样感到震撼。

　　日出时，太阳像一颗耀眼的钻石缓缓升起。

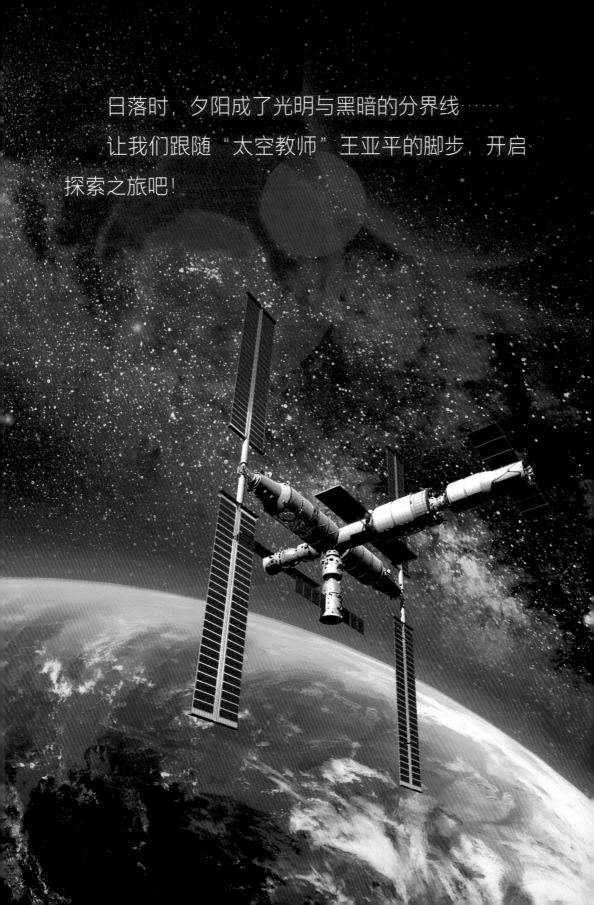

日落时，夕阳成了光明与黑暗的分界线……

让我们跟随"太空教师"王亚平的脚步，开启

探索之旅吧！

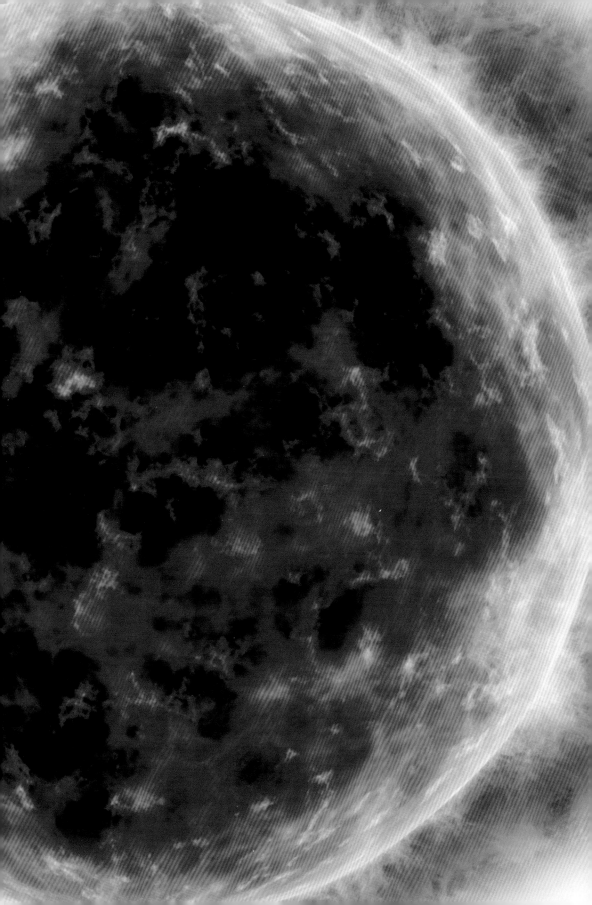

目 录

01

当神话遇上现实

扫码观看在线课程

等等我，别跑！

古代神话中的"夸父逐日"

太阳是地球的宿主恒星，它给我们带来光明和温暖，带来日夜交替和季节轮回。

古老的《山海经》中有"夸父逐日"那样美妙的故事，如今在地球之外，也在延续着同样瑰丽的神话。

"夸父逐日"的故事

夸父是古代神话传说中的巨人，他身强力壮、高大魁梧，曾奋力追赶太阳，最终在半路渴死，他的手杖化为桃林。"夸父逐日"的神话反映出远古时代华夏先民对自然的好奇和强烈的探索欲望。

真奇怪，这个人为什么总追着我？

现代版"夸父"续写逐日神话

2022年10月9日，先进天基太阳天文台（又称"夸父一号"）进入太空，作为我国综合性太阳探测专用卫星，开启逐日之旅。

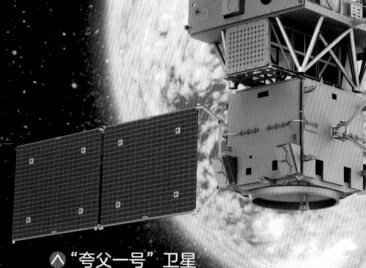

∧ "夸父一号"卫星

"夸父一号"卫星有五个"身份"，快来看看吧！

1 预警员。为航天、导航等高科技活动规避灾害性空间天气的影响提供支持。

2 磁场侦察家。每18分钟就可以对全日面磁场进行1次高精度成像观测。

我的科学目标是"一磁两暴":"一磁"指太阳磁场,"两暴"指太阳耀斑和日冕物质抛射,也就是研究太阳磁场、太阳耀斑和日冕物质抛射的起源及三者之间存在的密切关系。

3 观察多面手。可以从可见光、紫外和 X 射线波段观测太阳。

4 **工作狂。**全年的 96% 以上的时间处于工作状态。

5 **数据传输大师。**每天向地球发送大量数据。

02

太阳常识知多少

扫码观看在线课程

太阳多少岁了？

据估算，太阳的寿命大约有 100 亿年，目前它已经走过了约 50 亿年的岁月。

太阳有多大？

太阳的直径约为 139 万千米。这是什么概念呢？按照体积计算，太阳是地球的 130 万倍，如果把太阳比作足球，那么地球也就比芝麻大一点儿。

太阳有多重？

太阳的质量占据了整个太阳系的 99.86%，是地球质量的 33 万倍。

从太阳到地球有多远？

太阳距离地球约 1.5 亿千米，天文学上把这个距离称作 1 个天文单位。

住址 太阳系。

体温 表面有效温度约 6000℃，越向内部温度越高。

脾气 表面沉静，其实喜怒无常，有时会搞出"大动静"。

爱好 运动，不仅喜欢自己转圈圈，还喜欢绕着银河系转圈圈。

03

揭秘太阳

扫码观看在线课程

太阳分几层？

太阳从中心到边缘依次分为六个层次，它们分别是核心层、辐射层、对流层、光球层、色球层、日冕层，前三者统称为太阳内部，后三者统称为太阳大气。

光球层 ————————

色球层 ————————

日冕层 ————————

太阳是离我最近的恒星，对于人类来说，它是独一无二的。

我是一颗炽热的气体球，体内最丰富的元素是氢，其次是氦，还有碳、氮、氧和多种金属元素等。

对流层

辐射层

核心层

太阳的"能量场"

太阳内部称得上是"能量场"：核心层是发生热核反应的区域，太阳内部的氢原子聚变为氦原子，是太阳释放巨大能量的源泉；辐射层把能量以辐射的方式向外转移；对流层则通过对流的方式继续把能量传到太阳的表面，为我们提供光和热。

人类能源的宝库

太阳能是来自太阳的辐射能量，可转换为热能、机械能、电能、化学能等，是人类能源的宝库。太阳能是一种无污染的再生能源，如今已经被广泛应用到人们生活的方方面面，如太阳能计算器、太阳能热水器、太阳能路灯、太阳能发电站等。

太阳的总辐射功率约为 3.86×10^{26} 瓦，它 1 秒释放的能量约为 2021 年全球总发电量的 380 万倍。是不是很令人震惊？

认识太阳大气

太阳外部三层属于太阳大气，是能够被直接观测到并进行详细研究的。

● 太阳大气的最内层：光球层

光球层的厚度为 500 ～ 600 千米，太阳的大部分光能由它发出。虽然它整体呈现夺目的明亮，但具体各部分亮度很不均匀。

● 太阳大气的中间层：色球层

色球层是太阳大气的第二层，充满磁化的等离子体，结构很不均匀，颜色暗红。日全食时，人们用肉眼可以看见它。

啊，好热好热！

● 太阳大气的最外层：日冕层

日冕层的密度非常稀薄，亮度约为光球层的百万分之一，几乎与满月的亮度一样。

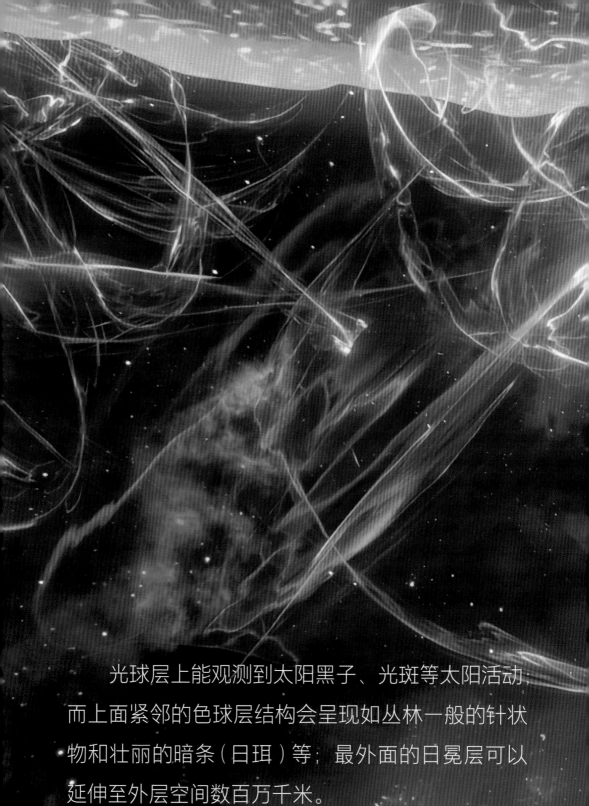

　　光球层上能观测到太阳黑子、光斑等太阳活动，而上面紧邻的色球层结构会呈现如丛林一般的针状物和壮丽的暗条（日珥）等；最外面的日冕层可以延伸至外层空间数百万千米。

糟糕，毁容了……

太阳脸上的"小黑痣"

　　太阳黑子是太阳光球层上的暗黑斑点，是太阳活动的一种重要表现形式。太阳黑子是强磁场的集中区域，其生命历程中通常伴随强烈的太阳爆发活动，往往会导致地球上发生磁暴和电离层扰动。

神奇的色球－日冕过渡区

实际上，在色球层和日冕层中间还有一个非常薄但非常重要的太阳大气转换区域，叫色球－日冕过渡区，在这里物质温度从几万摄氏度跃变到几百万摄氏度，其物理成因被认为是当代天文学八大未解之谜之一。

2012 年，美国《科学》杂志评选出当代天文学八大未解之谜，除了上述提到的谜团，还有下面这些未解之谜哟，快来看看吧！

暗物质是什么？

暗能量是什么？

重子去哪里了？

恒星是如何爆炸的？

什么使宇宙再电离？

各种高能宇宙线的源头是什么？

为什么我们的太阳系如此独特？

色球-日冕过渡区

04

我国古人对太阳黑子的观测

扫码观看在线课程

对太阳的观测，中国古人很早就开始了。

《汉书·五行志》中就有关于观测太阳黑子的记载，用现代科学原理解释，就是发生在太阳光球层上的太阳黑子，在可见光下呈现比周围区域暗黑的斑点。但其实，它们的温度高达3000～4500℃，由于比周围物质温度低，所以它们看起来是暗黑的斑块。公元前28年的这次记录，是迄今为止最早的太阳黑子记录。

汉书·五行志

三月己未，日出黄，有黑气大如钱，居日中央。

你知道《汉书》是怎么诞生的吗？

　　西汉末年，不少人采集时事，续补《史记》。班固的父亲班彪认为这些续补"多鄙俗，不足以踵继其书"，于是另作《后传》65篇，这就是后来班固撰写《汉书》的基础。班固历时20余年撰写此书，他死时，《汉书》还有八表和《天文志》尚未完成，最终由他的妹妹班昭和著名经学家马融之弟马续续写而成。

太阳黑子在中国古代也有艺术性的表达：在出土于马王堆汉墓1号墓的帛画中，古人借日中的黑鸟形象地展现出观测到的太阳黑子。

震惊世界的

马王堆汉墓

马王堆汉墓是西汉初期长沙国丞相、軑侯利苍及其家属的墓葬，由三座墓组成。这里保存完好的墓葬结构及丰富的随葬品是汉代生活方式、丧葬观念的完整呈现，其中1号墓中有具女性遗体历经千年仍保存完好，创造了人类防腐技术的奇迹。

马王堆1号墓出土的帛画为T字形，自上而下分段描绘了天上、人间和地下的景象。

05

太阳爆发的危害

扫码观看在线课程

　　太阳爆发会引起灾害性空间天气事件。比如，日冕物质抛射引发的地磁暴，威胁电网、输油管道的安全；高能粒子会危害出舱航天员，或使在轨航天器的地面操作失灵，严重者可能导致报废，或威胁跨极地飞行的民航旅客的健康。因此，对太阳的研究至关重要，不仅是攀登科学高峰的需要，也是保护我们人类健康和高技术系统应用的需要。

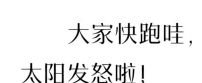

大家快跑哇，
太阳发怒啦!

可怕的太阳爆发

1989 年 3 月 13 日，加拿大魁北克地区突然发生大规模停电。这次停电持续时间较长，人们的生活受到很大影响，且造成巨大经济损失。事后人们查明，这次停电事故源于一次太阳爆发活动。

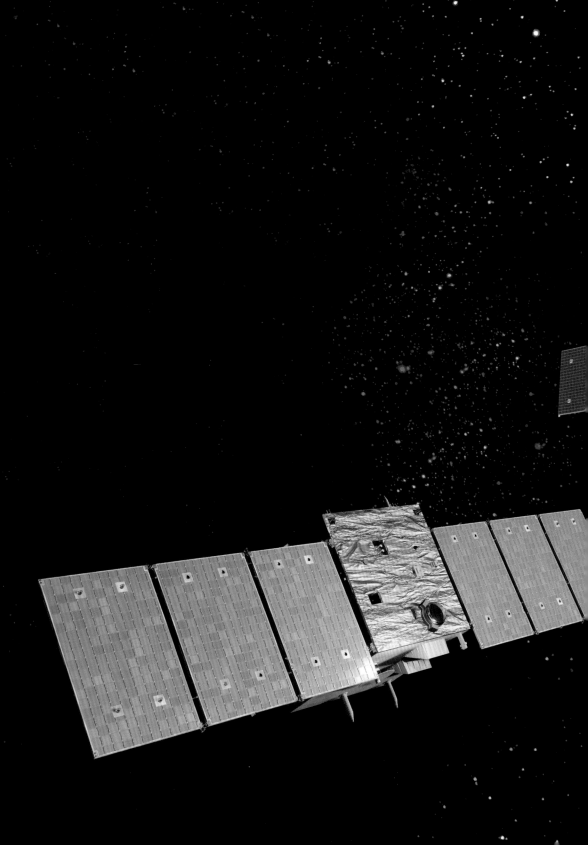

06

向太阳进发

扫码观看在线课程

我国的太阳观测正在迈向太空时代，"羲和号"卫星于 2021 年 10 月 14 日发射升空，实现国际首次太阳 Hα 波段光谱成像的空间探测，为太阳爆发源区高质量监测研究提供了新数据。

∧"羲和号"卫星

"羲和号"卫星身份卡

重量▶508 千克
设计寿命▶3 年
飞行轨道▶太阳同步轨道
飞行轨道高度▶517 千米
飞行轨道途经地▶地球南极、北极
对日观测时间▶24 小时连续观测

　　"夸父一号"卫星探测太阳爆发，预报空间天气，为中国空间环境的安全提供保障。在不久的将来，用于太阳磁场精确测量的中红外观测系统也会建成使用，这是我国太阳物理学家率先提出并自主研制的世界上第一台在中红外波段观测太阳的大型设备，其核心科学目标是将矢量磁场测量精度提高一个量级，将在太阳物理研究中发挥重要作用。

白天，万物向阳而生，
逐光而行。

太阳在哪儿呢？

夜晚，我们仰望星空，思接天地：那颗最亮的星是什么星？是谁在默默保卫着地球？哪个星球曾和地球类似，或曾有生命的存在？……

那是流星吗？

揭秘太阳

03

- 太阳的层次
- 太阳内部
- 太阳大气
- 太阳黑子
- 色球－日冕过渡区
- 当代天文学八大未解之谜

04

我国古人对太阳黑子的观测

- 《汉书》中记载的太阳黑子
- 《汉书》的诞生
- 马王堆汉墓
- Ｔ字形帛画

太阳常识知多少

02

- 太阳的年龄
- 太阳的体积
- 太阳的体重
- 日地距离
- 太阳的住址
- 太阳的体温
- 太阳的性格和爱好

05

太阳爆发的危害

- 日冕物质抛射和高能粒子的危害
- 太阳爆发导致的灾难性事件

06

向太阳进发

- 太阳探测卫星
- 中红外观测系统

当神话遇上现实

01

- "夸父逐日"的故事
- "夸父一号"卫星